Stefanie Spieß

Vermischte Übungen zum Thema Gleichungen für die Klassenstufe 7

Ein Unterrichtsentwurf

GRIN Verlag

Bibliografische Information der Deutschen Nationalbibliothek:

Die Deutsche Bibliothek verzeichnet diese Publikation in der Deutschen National-
bibliografie; detaillierte bibliografische Daten sind im Internet über http://dnb.d-
nb.de/ abrufbar.

Impressum:

Copyright © 2011 GRIN Verlag, Open Publishing GmbH
Druck und Bindung: Books on Demand GmbH, Norderstedt Germany
ISBN: 978-3-656-13262-2

Dieses Buch bei GRIN:

http://www.grin.com/de/e-book/186990/vermischte-uebungen-zum-thema-gleichun-
gen-fuer-die-klassenstufe-7

GRIN - Your knowledge has value

Der GRIN Verlag publiziert seit 1998 wissenschaftliche Arbeiten von Studenten, Hochschullehrern und anderen Akademikern als eBook und gedrucktes Buch. Die Verlagswebsite www.grin.com ist die ideale Plattform zur Veröffentlichung von Hausarbeiten, Abschlussarbeiten, wissenschaftlichen Aufsätzen, Dissertationen und Fachbüchern.

Besuchen Sie uns im Internet:

http://www.grin.com/

http://www.facebook.com/grincom

http://www.twitter.com/grin_com

Ausführlicher Unterrichtsentwurf

Abbildung 1

Fach: Mathematik

Thema der Stunde: Vermischte Übungen zum Thema Gleichungen

Inhaltsverzeichnis

1. Bedingungsanalyse

1.1. Analyse der Rahmenbedingungen

Die Realschule besteht aus elf Klassen, durchschnittlich befinden sich 23 Schüler[1] in einer Klasse. Derzeit besuchen ca. 250 Schüler diese Schule. Der Ausländeranteil ist sehr gering.

Das Einzugsgebiet der Realschule erstreckt sich über den Kernort O. und seine Teilgemeinden. Ca. 10% der Schüler kommen von außerhalb des Einzugsgebietes, da sie von umliegenden Realschulen aus verschiedenen Gründen an diese Realschule gewechselt haben.

1.2. Situation der Klasse

In der siebten Klasse befinden sich 24 Schüler, davon sind 16 männlich und acht weiblich. Es ist eine aufgeweckte, aber freundliche Klasse, die einige leistungsstarke Schüler besitzt. Vor allem die mündlichen Beiträge von A., D., J., K., L. und M. Schw. bringen den Unterricht voran. Die Mädchen der Klasse sind im Vergleich zu den Jungen eher zurückhaltend und still. Gute Beiträge kommen aber auch von J., L., N. und C.. Na. kam nach den Winterferien neu in die Klasse und hat sich sehr schnell integriert. Sie wechselte vom Gymnasium W. an unsere Schule. Die Themen, die wir derzeit behandeln, kennt sie bereits. Sie nutzt diese Wiederholungen, um Wissenslücken zu minimieren und arbeitet im Unterricht stets aktiv mit.

Während des Mathematikunterrichts kommt es hin und wieder zu Störungen, weil einige Jungen Schwierigkeiten haben, sich an Regeln zu halten. Vor allem J. ist sehr gesprächig und stört den Unterricht häufig durch Zwischenrufe. Auch M. St. hat Schwierigkeiten sich auf den Unterricht zu konzentrieren und beschäftigt sich mit anderen Dingen. Weiterhin ist D. zu nennen, der aufgrund seiner bisherigen Störungen von der Klassenlehrerin umgesetzt wurde. L. zeigt in Situationen, in denen sie nicht folgen kann, sporadisch auffälliges Verhalten, indem sie weint, schreit und ihre derzeitige Arbeit abbricht. Zu Beginn des Schuljahres versuchte ich noch mit ihr darüber zu sprechen und sie aufzubauen. Durch Gespräche mit Kollegen erkannte ich, dass es für sie und die Klasse besser ist, Lisa in diesem Moment in Ruhe zu lassen, da sie sich nach einigen Minuten wieder in das

---

[1] Aus Gründen der besseren Lesbarkeit verwende ich im Folgenden nur die maskuline Form.

Unterrichtsgeschehen integriert. Falls durch ihr auffälliges Verhalten Mitschüler und Sachgegenstände gefährdet sind, werde ich sofort intervenieren.

Im Laufe des Schuljahres führte ich ein „Helfersystem" ein, da ich erkannte, dass die Schüler in den Erarbeitungs- und Übungsphasen nur sporadisch die ausliegenden Hilfen nutzten. Stattdessen nahmen sie die Unterstützung von Mitschülern sehr gerne an. Die Schüler, die die Aufgaben in den Erarbeitungs- und Übungsphasen frühzeitig lösen, erhalten eine „Helfer-Karte" und platzieren sich vorne neben der Tafel. Sobald ein Mitschüler Hilfe bei der Bearbeitung von Aufgaben benötigt, meldet sich dieser. Die „Helfer" lösen, falls sie niemandem helfen müssen, leichte oder schwere Kopfrechenaufgaben. Nach den Osterferien erweiterte ich die Kopfrechenaufgaben durch Aufgaben aus den Themenbereichen „Brüche" und „Terme". Dies erschien mir äußerst sinnvoll, da die beiden Themenbereiche in kommenden Themenbereichen integriert bzw. vorausgesetzt werden und somit dem Vergessen entgegengewirkt werden kann.

Diese Unterrichtsstunde findet nicht nach regulärem Stundenplan statt. Die vierte Stunde schließt direkt an die große Pause an.

2. Sachanalyse

Bei der Behandlung der Thematik in dieser Klassenstufe liegt das Hauptaugenmerk auf den linearen Gleichungen mit einer Unbekannten, die im Folgenden näher betrachtet werden. Lineare Gleichungen mit zwei Unbekannten werden erst ab der Klassenstufe acht thematisiert.

„In der Mathematik ist eine Gleichung eine Aussage, in der die Gleichheit zweier Werte oder Terme durch mathematische Symbole ausgedrückt wird. Dies wird durch das Gleichheitszeichen („=") symbolisiert." (http://de.wikipedia.org/wiki/Gleichung, vom 6.05.11) Terme sind Rechenausdrücke, die aus Zahlen, Variablen und Rechenzeichen bestehen können. Beispiele: $x+3$; $2 \cdot (5+4)$; 7.

Man kann Gleichungen nach folgendem Kriterium einteilen. Eine Gleichung ohne Variable wird als Aussage, die entweder wahr oder falsch sein kann, betrachtet.

Wahre Aussage: $5 + 3 = 8$ Falsche Aussage: $5 + 3 \neq 9$

Gleichungen hingegen, die eine Variable enthalten, werden als Aussageformen betrachtet. Beispiele: $x + 4 = 8$; $3 \cdot (x+2) = x - 12$.

Wird für die Variable eine Zahl eingesetzt, so erhält man entweder eine wahre oder falsche Aussage. (Vgl. Vollrath, 1994, S. 184)

Um eine Gleichung mit einer Unbekannten zu lösen, sind Äquivalenzumformungen notwendig, dabei entstehen Gleichungen, die äquivalent zueinander sind, d.h. die Lösung der Gleichung bleibt unverändert. Ziel dieses Rechenverfahrens ist es, die Variable zu isolieren, um somit die Lösung der Gleichung zu erhalten. „Die Werte der Variablen, für die die Gleichung erfüllt ist, heißen Lösungen der Gleichung." (http://de.wikipedia.org/wiki/Gleichung, vom 6.05.11) Die Lösungsmenge der Gleichung ist immer abhängig von der entsprechenden Grundmenge. Ist eine Lösung der Gleichung in der Grundmenge nicht enthalten, so gehört diese nicht zur Lösungsmenge.

Neben den Äquivalenzumformungen spielen beim Lösen einer Gleichung auch die Termumformungen eine wichtige Rolle. „Bei Termumformungen von Gleichungen wird immer nur eine Seite umgeformt.

Beispiel: $\qquad\qquad 2x + 3 + 5x - 2 = 15$
$$7x + 1 = 15 \text{" (Vollrath, 1994, S.202)}$$

Hingegen werden bei einer Äquivalenzumformung auf beiden Seiten der Gleichung Rechenoperationen durchgeführt, so dass äquivalente Gleichungen entstehen, die schrittweise zur Lösung der Gleichung führen.

Des Weiteren gibt es allgemeingültige Gleichungen wie beispielsweise die Kommutativität, die Assoziativität, aber auch die binomische Formel. Bei diesen Gleichungen ergeben sich für alle Einsetzungen von Zahlen aus dem gegebenen Bereich wahre Aussagen. (Vgl. Vollrath, 1994, S. 193)

3. Didaktische Reflexion und Entscheidungen

3.1. Bezug zum Bildungsplan

Die gesamte Unterrichtseinheit zum Thema Gleichungen ist im Bildungsplan inhaltlich unter der Leitidee Zahl zu verorten. Die aufgeführten Kerninhalte „Termumformungen", „Äquivalenzumformungen" und „lineare Gleichungen" werden in dieser Unterrichtseinheit thematisiert. Term- und Äquivalenzumformungen werden

unter anderem in dieser Stunde geübt, so dass eine Entlastung für höhere mathematische Denkprozesse ermöglicht werden kann.

In meiner Unterrichtsstunde werden folgende Kompetenzen gefördert:

„Die Schülerinnen und Schüler können …

- symbolische und formale Sprache in natürliche Sprache übersetzen und umgekehrt,
- Rechenoperationen in verschiedenen Darstellungen sicher ausführen,
- durch die Wahl angemessener Verfahren effektiv vorgehen,
- mit Variablen als typisch mathematischem Element umgehen und arbeiten,
- verwendete Begriffe, Regeln, Sätze erläutern
- und Ergebnisse hinterfragen." (Bildungsplan 2004, S.63)

Allgemeine mathematische Kompetenzen wie das mathematische Argumentieren, das mathematische Kommunizieren und Probleme mathematisch zu lösen, werden in dieser Unterrichtsstunde durch gezielte Arbeitsaufträge bzw. Methoden weiterentwickelt.

Weiterhin können die Schüler geometrische Zusammenhänge mithilfe von bekannten Strukturen erschließen und sie algebraisch veranschaulichen und darstellen.

3.2. Einbettung der Stunde in die Unterrichtseinheit

Die Unterrichtseinheit „Gleichungen" umfasst circa zehn Stunden, in denen die Grundvorstellungen zu Gleichungen entstehen und gefestigt werden sollen. Des Weiteren spielt das Lösen der Gleichungen durch Äquivalenzumformungen eine bedeutende Rolle.

Um dem kumulativen Lernen gerecht zu werden, wurde zu Beginn der Unterrichtseinheit der Aspekt „Gleichungen lösen durch Probieren" aus Klasse 6 aufgegriffen, so dass die neu gelernten Inhalte an das Vorverständnis angeknüpft werden konnten. Darauf folgte die Einführung „Gleichungen lösen durch Äquivalenzumformungen". Dieses Verfahren wurde mithilfe der Waage bildlich dargestellt. Ich habe mich für dieses Modell entschieden, weil mir es wichtig schien, den Schülern die Bedeutung des Gleichheitszeichens noch einmal bewusst zu machen. Zudem lässt sich hiermit die Umformungsregel leicht veranschaulichen. Das Waagemodell ist jedoch auch kritisch zu betrachten. Negative Zahlen, aber auch die Multiplikation mit negativen Zahlen lassen sich mit dem Waagemodell nicht

4

veranschaulichen (Vgl. Vollrath, 1994, S.186). In der darauffolgenden Doppelstunde wurden verschiedene Aufgaben geübt, um das Verständnis für Gleichungen und im speziellen der Umformungsregel zu vertiefen und zu erweitern. Den Schülern gelang ohne große Schwierigkeiten das mehrfache Umformen von Gleichungen, so dass ich in der nächsten Stunde Gleichungen mit Klammern einführte. Das Auflösen der Klammern ist den Lernenden bereits von der Themeneinheit Terme bekannt, dennoch ist es wichtig in dieser Einheit das Auflösen der Klammern zu wiederholen, da die Schüler vor allem beim Ausmultiplizieren und beim Auflösen der Minusklammer Schwierigkeiten haben. In der letzten Stunde übten wir gezielt Gleichungen mit Klammern zu lösen. Weiterhin lernten die Schüler an wenigen Beispielaufgaben einfache Gleichungen mit Klammern im Kontext Flächeninhalt und Volumen von ebenen und räumlichen Figuren aufzustellen. In dieser Unterrichtsstunde findet eine Übungsstunde statt, in der sowohl Gleichungen mit als auch ohne Klammern aufgestellt, gefunden und gelöst werden. Um das Verständnis zum Umgang mit Gleichungen zu vertiefen, findet eine breite Variation der Aufgaben statt (Finde den Fehler, fülle die Lücken, Umkehraufgaben…).

In den Folgestunden – sofern keine Schwierigkeiten/Unklarheiten in dieser Stunde auftreten- wird verstärkt die Herangehensweise an Textaufgaben geübt, bei denen das Aufstellen einer Gleichung zur Lösung führt. In diesen Stunden lege ich großen Wert auf das Einsetzen heuristischer Hilfsmittel, Strategien und Prinzipien wie zum Beispiel das Anfertigen einer Skizze.

3.3. Didaktische Analyse nach Klafki
Gegenwarts- und Zukunftsbedeutung:
Innermathematisch spielen Gleichungen eine große Rolle. In Klasse 7 wird das Grundverständnis für Gleichungen gelegt, so dass in den oberen Klassen gemäß des Spiralprinzips darauf aufgebaut werden kann. Themen wie beispielsweise „Lineare Gleichungssysteme" oder „quadratische Gleichungen" bauen auf diesem Grundverständnis auf. Weiterhin ist die Bearbeitung dieses Themas wichtig für den späteren Umgang mit Formeln, bei denen eine Unbekannte durch Äquivalenzumformungen isoliert wird, so dass eine Berechnung dieser ermöglicht werden kann. Gleichungen im Alltag sind von den Schülern auf den ersten Blick nicht erkennbar, weil diese nicht direkt sichtbar sind. Gleichungen helfen in komplexeren Situationen das systematische Lösen eines komplexen Problems.

Exemplarische Bedeutung:

Das Lösen von Gleichungen steht exemplarisch für komplexe bzw. mehrschrittige Rechnungen, welche in den oberen Klassen zunehmend an Bedeutung gewinnen. Dies fördert und fordert vor allem personale Kompetenzen wie die Konzentrationsfähigkeit und Ausdauer. Das Aufstellen von Gleichungen in gewissen Kontexten steht vor allem exemplarisch für das Mathematisieren, d.h. die Schüler lernen hierbei natürliche Sprache in formale Sprache zu übersetzen und umgekehrt. Es ist ein zentrales Ziel des Mathematikunterrichts, die Realwelt mit der Welt der Mathematik zu verbinden und Beziehungen zwischen den beiden Welten zu erkennen. Dadurch lernen die Schüler an komplexere Aufgaben wie z.B. Modellierungsaufgaben systematisch heranzugehen.

Zugänglichkeit:

Den Zugang erhalten die Schüler durch eine problemorientierte Einstiegsaufgabe. Zu Beginn stelle ich die Frage, wer von den Schülern ein Aquarium zuhause hat und weiß, wie viel Liter Wasser in ein solches Aquarium passen. Anschließend berichte ich, dass ich mir auch ein Aquarium zulegen möchte und in einem Katalog vom Händler zwei Modelle favorisiere. Ich möchte wissen, wie viel Liter Wasser die beiden Aquarien fassen können. Jedoch habe ich aus Versehen Kaffee über den Prospekt geleert, so dass jeweils die erste Maßangabe nicht mehr lesbar ist. Durch einen Anruf beim Händler erfahre ich, dass beide Aquarien dasselbe Volumen aufweisen und das linke Aquarium um 5dm länger ist als das rechte. Anhand dieser Geschichte wirkt die eingekleidete Aufgabe authentischer und die Schüler gehen motiviert an die Aufgabe heran.

In der Übungsphase erhält die Lerngruppe weiteren Zugang zum mathematischen Inhalt durch ansprechende Aufgaben, ein Spiel und der Methode Filmdosenrechnen.

3.4. Schwierigkeitsanalyse

Bei der Einstiegsaufgabe können mehrere Schwierigkeiten auftreten, weil sie für die Schüler kein Routineproblem ist. Die Schwierigkeit wird vor allem darin liegen, die Gleichung aufzustellen, in der beide Volumina gleichgesetzt werden müssen. Weiterhin wird durch die Fragestellung ein mehrschrittiges Vorgehen der Lernenden verlangt, weil sie zuerst die Gleichung aufstellen, anschließend lösen, um die Länge beider Aquarien zu erhalten und dann das Volumen der Aquarien berechnen

müssen. Um die Schwierigkeiten in dieser Phase zu minimieren, bearbeiten die Schüler die Aufgabe mit der ICH-DU-WIR-Methode. Nachdem sie in Einzelarbeit Ansätze bzw. ggf. Lösungswege entwickelt haben, können sie in Partnerarbeit ihre Gedanken und Ideen austauschen. Schwächere Schüler haben hierbei den Vorteil, zuerst die Aufgabe selbstständig anzugehen. In der DU-Phase erhalten sie evtl. weitere Ideen und Ansätze und trauen sich entsprechend in der WIR-Phase eher ihre Gedanken zu äußern. Des Weiteren hängt während der Bearbeitung der Aufgabe eine dreistufige Hilfe an der Tafel, die die Schüler nutzen können. Anschließend wird im Plenum die Aufgabe besprochen und der Lösungsweg auf Folie notiert. Einige Schüler werden Schwierigkeiten haben, das schrittweise Vorgehen nachzuvollziehen. Hierbei werde ich bewusst Farben beim Notieren des Lösungsweges einsetzen, um Zusammenhänge sichtbar zu machen und somit Verständnisschwierigkeiten entgegenzuwirken.

In der darauffolgenden Übungsphase hängen weitere Hilfen für die einzelnen Aufgaben aus, so dass schwächere Schüler bei Bedarf die Möglichkeit haben, durch gezielte Unterstützung die Aufgaben zu lösen. Werden durch die Hilfen gewisse Verständnisschwierigkeiten nicht minimiert, stehe ich als Unterstützung zusätzlich bereit.

3.5. Didaktische Reduktion

In dieser Unterrichtsstunde findet vor allem bei der Einstiegsaufgabe eine didaktische Reduktion statt. Bei der Bemaßung quaderförmiger Gegenstände kann auch der Begriff „Tiefe" verwendet werden. Nach meiner Ansicht wird diese Bezeichnung zusätzlich die Schüler verwirren und wir verwenden ausschließlich die Begriffe Länge, Breite und Höhe des Aquariums.

Des Weiteren habe ich in der gesamten Unterrichtseinheit auf den Einsatz der Grund- und Lösungsmenge verzichtet. Mir ist es vor allem wichtig, dass die Klasse ein Gespür für Gleichungen entwickelt, Gleichungen aufstellen und lösen lernt. Damit sie sich auf das Wesentliche dieser Einheit konzentrieren können, habe ich bewusst die Grund- und Lösungsmenge nicht eingeführt.

4. Methodische Reflexion und Entscheidungen

4.1. Einstieg

Nach der Begrüßung frage ich die Schüler, wer von ihnen zuhause ein Aquarium besitzt. Anschließend berichte ich, dass ich mir auch ein Aquarium zulegen möchte und in einem Katalog vom Händler zwei Modelle favorisiere. Ich möchte wissen, wie viel Liter Wasser die beiden Aquarien fassen können. Jedoch habe ich aus Versehen Kaffee über das Prospekt geleert, so dass die ersten Maßangaben nicht mehr lesbar sind. Durch einen Anruf beim Händler erfahre ich, dass beide Aquarien dasselbe Volumen aufweisen und das linke Aquarium um 5dm länger ist als das rechte. Um die eingekleidete problemorientierte Aufgabe authentischer wirken zu lassen, habe ich mich dazu entschieden, mich in den Kontext mit einzubinden. Dadurch gehen die Schüler motivierter an die Aufgabe heran. Da diese Aufgabe kein Routineproblem für die Schüler sein wird, hängt zusätzlich eine dreistufige Hilfe an der Tafel, die die Lernenden nutzen können. Meiner Ansicht nach ist diese Aufgabe eine mittelschwere Problemlöseaufgabe. Die Schüler können bereits zum größten Teil Gleichungen im Kontext von ebenen und räumlichen Figuren aufstellen. Bei dieser Aufgabe ist jedoch die Schwierigkeit zu erkennen, dass beide Terme für die Volumina gleichgesetzt werden müssen. Hinzukommt, dass die Schüler darauf achten müssen, beim Aufstellen der Terme eine Klammer zu setzen. Durch die Aufgabenstellung findet ein kombiniertes Vorwärts- und Rückwärtsarbeiten statt. Diese heuristische Strategie wurde in meinem Unterricht noch nicht bewusst eingeübt bzw. thematisiert. Bevor die Schüler die Fragestellung „Wie viel Liter Wasser passen in die beiden Aquarien?" beantworten können, müssen sie mithilfe einer Gleichung die Länge der beiden Aquarien ermitteln (Rückwärtsarbeiten). Anschließend können sie erst das Volumen berechnen (Vorwärtsarbeiten).

4.2. Erarbeitungs- und Sicherungsphase

Die Schüler gehen die Aufgabe mit der ICH-DU-WIR-Methode an. Zuerst sollen sie sich mit der Aufgabe selbstständig auseinandersetzen und erste Gedanken und Ansätze entwickeln. Anschließend folgt die DU-Phase, in der sich die Schüler mit ihren Sitznachbarn austauschen können. Diese Methode hat zum Einen den Vorteil dem Lernen aus konstruktivistischer Sicht gerecht zu werden, zum Anderen trauen sich leistungsschwächere Schüler nach der DU-Phase eher, sich im Plenum mitzuteilen. Der Wechsel der Phasen wird mithilfe eines Klangstabes signalisiert. Nach spätestens fünf Minuten wird die Aufgabe gemeinsam im Plenum bearbeitet.

Schüleransätze und Vorgehensweisen werden aufgegriffen und schrittweise durch genaue Fragestellungen erarbeitet. Durch den gezielten Farbeinsatz auf der Folie möchte ich Zusammenhänge deutlicher hervorheben, um die schwächeren Schüler beim Nachvollziehen können zu unterstützen.

Falls erhebliche Verständnisschwierigkeiten beim Aufstellen der Gleichung entstehen, ist es eine sinnvolle Alternative, sich intensiver mit dem Aufstellen der Gleichung durch die Übersetzung der natürlichen in die formale Sprache zu beschäftigen. Bei dieser problemorientierten Aufgabe ist es mir wichtig, dass die Schüler nachvollziehen können, wie man zu dieser Gleichung kommt. Das anschließende Lösen der Gleichung ist sekundär, weil dies in der Übungsphase vertieft werden kann. Nimmt das Nachvollziehen der aufgestellten Gleichung zu viel Zeit in Anspruch, wird die Gleichung nicht gemeinsam gelöst. Stattdessen lege ich eine vorgefertigte Folie auf, auf der die Gleichung durch Äquivalenzumformungen gelöst wurde. An der Lösung der Gleichung möchte ich anschließend wieder ansetzen, da damit die Fragestellung noch nicht beantwortet ist. Die Schüler sollen erkennen, dass die Lösung der Gleichung uns erst die Länge der Aquarien angibt. Somit muss in einem weiteren Schritt das Volumen noch ausgerechnet werden. Werde ich mich im Unterricht aus Zeitgründen für diese Alternative entscheiden, notieren sich die Schüler die aufgestellte Gleichung mit Lösung und erhalten als Hausaufgabe, die Gleichung durch Term- und Äquivalenzumformungen selbstständig zu lösen.

Ich habe mich bewusst für das Medium Folie entschieden, da die Aufgabenstellung während der Bearbeitung der Aufgabe für die Schüler sichtbar ist. Des Weiteren habe ich die Klasse in der WIR-Phase im Blick, kann gleichzeitig die Ansätze und Ideen der Schüler auf der Folie notieren und die Maßangaben an den gegebenen Quadern darstellen.

Für die Einstiegs- und Erarbeitungsphase plane ich circa 15 Minuten ein.

4.3. Gelenkstelle

Nachdem die Einstiegsaufgabe bearbeitet wurde, erkläre ich den Schülern das weitere Vorgehen mithilfe einer Folie. Auf der Folie werden die verschiedenen Stationen der Lerntheke vorgestellt. Insgesamt gibt es vier Stationen, die im Klassenzimmer verteilt sind. Jede Station ist in „leicht" und „schwer" unterteilt, was durch den Farbeinsatz von grün und rot leicht zu erkennen ist. Je nachdem wie viel

Zeit zum Üben noch zur Verfügung steht, müssen die Schüler zwei bis drei Stationen nach ihrer Wahl bearbeiten.

Nachdem die Lerntheke vorgestellt wurde und bei den Schülern Unklarheiten zur Vorgehensweise besprochen wurde, holen sich die Lernenden das entsprechende Material an den Stationen.

4.4. Übungsphase

Da ich mich in dieser Übungsphase für eine Lerntheke entschieden habe, möchte ich diese Methode kurz erläutern. Nach W. Peterßen ist eine Lerntheke eine Form des Stationenlernens. „Die Lernstationen unterliegen dabei aber weder einer gruppierenden Anordnung wie bei den Lernzonen, noch einer linearen wie in der Lernstraße."(Peterßen, 1999, S.182). Die Lerntheke ist vor allem bei beengten Räumen sinnvoll, da diese keine zirkelförmige Verteilung der Materialien wie beim Lernzirkel zulassen.

Im Folgenden werden die einzelnen Stationen genauer erläutert:

- **Station A „Filmdosenrechnen":** An dieser Station liegen „Filmstreifen" in grün und in rot aus. Zu jedem Schwierigkeitsgrad gibt es jeweils zwei unterschiedliche „Filmstreifen", die beliebig von den Schülern bearbeitet werden können. Ich habe mich bewusst für diese Methode entschieden, weil sie sehr motivierend auf die Schüler wirkt. Die Lösung der Aufgaben ist unterhalb der gestellten Aufgabe zu finden. An dieser Station werden keine Hilfen aushängen, da diese die Lernenden wegen der direkten Lösungskontrolle nicht nutzen würden. Durch die Filmstreifen üben sie zum Einen noch einmal Gleichungen mit und ohne Klammern zu lösen, zum Anderen Gleichungen zum Umfang und Flächeninhalt von Figuren aufzustellen. Bei den roten Filmstreifen kommen zusätzlich die Volumenberechnung und die Gesamtkantenlänge eines Quaders hinzu.
- **Station B „Äquivalente Gleichungen":** An dieser Station erhalten die Schüler ein Arbeitsblatt, auf dem der Umgang mit äquivalenten Gleichungen thematisiert wird. Zusätzlich stellen die Schüler Gleichungen zu einer gegebenen Lösung auf. Eine Aufgabe, bei dem das mathematische Argumentieren gefördert wird, befindet sich sowohl auf dem grünen als auch auf dem roten Arbeitsblatt, weil die Aufgabe durch die Art der Begründung

bereits selbstdifferenzierend ist. Während leistungsstärkere Schüler bewusst die Fachsprache einsetzen, werden schwächere hingegen ihre Begründung eher umgangssprachlich formulieren. Die Lösungen des Arbeitsblattes hängen an der Tafel. Zu dieser Station werde ich dreistufige Hilfen zur Aufgabe eins und zwei anbieten, so dass schwächere Schüler die Möglichkeit haben die Aufgaben zu lösen.

- **Station C „Das Waagespiel":** Diese Station bietet bezogen auf die Grundvorstellungen einen spielerischen und enaktiven Umgang mit Gleichungen. Da ich die Gleichungen über die Metapher Waage eingeführt habe, sollen sie sich hier noch einmal mit dieser auseinandersetzen. Bei diesem Spiel geht es darum, einfache Gleichungen mit Spielkärtchen auf der Waage darzustellen. Der Mitspieler muss die dargestellte Gleichung erkennen und sie innerhalb von 30 Sekunden lösen können, um Punkte zu erhalten. Ich habe bewusst den Zeitfaktor eingebaut, da es sich um einfache Gleichungen wie beispielsweise $2x+3=11$ handelt. Für leistungsstarke Schüler entsteht bei diesem Spiel keine Unterforderung, da sie zum Einen schwierigere Gleichungen aufstellen werden (z.B. $2x+5=x+8$), um gewinnen zu können, zum Anderen nehmen sie die Schwächen des Modells, wie bereits in 3.2. erwähnt, bewusst wahr. Dieses Spiel ist sehr motivationsfördernd und bietet den Lernenden die Möglichkeit, ihre Grundvorstellungen spielerisch weiterzuentwickeln und zu vertiefen. Um einem erhöhten Lärmpegel entgegenzuwirken, ist dieses Spiel nur in vierfacher Ausfertigung vorhanden, so dass höchstens acht Schüler gleichzeitig spielen können. An dieser Station sind keine Hilfen ausgelegt, da jeder Schüler entsprechend seines Leistungsstandes Gleichungen aufstellen wird.

- **Station D „Aufgepasst":** Bei dieser Station geht es vor allem um das mathematische Argumentieren und in vorgegebenen Lösungswegen Fehler zu erkennen und Tipps zur Vermeidung der Fehler zu formulieren. Die erste Aufgabe befindet sich sowohl auf dem grünen als auch auf dem roten Arbeitsblatt, weil auch hier durch die Art der Begründung differenziert wird. Wie bei Station B hängen auch hier die Lösungen zu den Arbeitsblättern an der Tafel. Entsprechende Hilfen zur Bearbeitung der Aufgabe zwei des Arbeitsblattes hängen an der Station aus.

Die Auswahl der Aufgaben zeigt eine breite Variation der Aufgabentypen zu diesem Thema. Gemäß dem operativen Üben wird in dieser Übungsphase das bereits vorhandene Wissen beweglich gemacht, um somit das Verständnis und das Agieren mit Gleichungen zu vertiefen. Ich habe mich bewusst für eine Lerntheke in der Übungsphase entschieden, da bei dieser Methode sinnvoll differenziert werden kann. Es findet zum einen eine inhaltliche Differenzierung statt, weil die Schüler sich die Stationen nach Interesse aussuchen können, zum anderen können die Lernenden in ihren Lerntempi arbeiten. Weiterhin können die Schüler selbst entscheiden, welche Schwierigkeitsstufe sie wählen. Gezielt habe ich mich für nur zwei Schwierigkeitsstufen „leicht" und „schwer" entschieden, da es den Schülern schwer fällt, ihren Leistungsstand richtig einzuschätzen. Eine zusätzliche Schwierigkeitsstufe „mittelschwer" würde die Schüler nur unnötig überfordern. In dieser Klasse besteht generell das Problem, dass viele Jungen aus Bequemlichkeit die leichteren Aufgaben auswählen. An dieser Stelle würde ich gezielt das Gespräch suchen, um sie dahingehend zu motivieren, auch schwierigere Aufgaben zu bearbeiten. Falls einige Schüler innerhalb der Übungsphase mit der Bearbeitung von drei Stationen frühzeitig fertig werden, kommt das „Helfersystem" (siehe 1.2.) zum Einsatz.

Für diese Übungsphase habe ich circa zwanzig Minuten eingeplant. Spätestens um 10.55 Uhr wird die Übungsphase beendet.

Eine Alternative zur heutigen Übungsphase wäre das Bearbeiten einer „Menükarte". Die Schüler erhalten ein Arbeitsblatt, auf dem verschiedene Aufgabentypen bearbeitet werden. Auch hier wäre eine Differenzierung hinsichtlich des Schwierigkeitsgrades möglich. Dennoch habe ich mich gegen diese Vorgehensweise entschieden, weil die Lerntheke eine Differenzierung in mehreren Bereichen bietet. Zusätzlich wirkt der Einbau der Methode „Filmdosenrechnen" und des „Waagespiels" stark motivierend auf die Lerngruppe.

4.5. Sicherung/ Lernzielkontrolle

In dieser Phase werden im Unterrichtsgespräch Unklarheiten und Schwierigkeiten beim Bearbeiten von Aufgaben in der Übungsphase thematisiert. Zum Einen können Schüler Wünsche äußern, welche Aufgaben sie gemeinsam besprechen möchten, zum Anderen habe ich die Möglichkeit, falls ich in der Übungsphase erhebliche Schwierigkeiten bei einem Aufgabentyp erkenne, diese gemeinsam anzugehen. Traten keine oder nur geringfügige Schwierigkeiten auf, die in der Übungsphase im

Einzelgespräch behoben wurden, gehe ich direkt zur Lernzielkontrolle „Ampelspiel"
über. Es werden rote, gelbe und grüne Karten ausgeteilt. Durch ausgewählte
Fragestellungen mit drei Antwortmöglichkeiten (rot, gelb, grün) erkenne ich, an
welchen Stellen noch Klärungs- evtl. Übungsbedarf vorliegt. Diese Methode ist nach
meiner Ansicht in der Abschlussphase sinnvoll, weil sie die Aufmerksamkeit der
Schüler noch einmal auf das Gelernte bündelt und alle Schüler aktiviert. Für mich
werden Verständnisschwierigkeiten sichtbar gemacht und ich erkenne deutlich,
welche Lernziele erreicht wurden bzw. welche Bereiche in der nächsten Stunde ggf.
erneut aufgegriffen werden müssen. Dadurch, dass ich Begründungen für die Wahl
einer Aussage einfordere, wird auch an dieser Stelle das mathematische
Argumentieren gefördert. Weiterhin reflektieren die Schüler ihr bereits vorhandenes
Wissen und erkennen selbst, an welchen Stellen sie noch Schwierigkeiten haben.
Wenn die Unterrichtsstunde zu Ende ist, wird an dieser Stelle das Ampelspiel
abgebrochen. Es kann in dieser Phase durchaus sein, dass in der Übungsphase
größere Schwierigkeiten auftraten, die die restlichen zehn Minuten der Stunde in
Anspruch nehmen. Dann wird das Ampelspiel in der Einstiegsphase der Folgestunde
durchgeführt. Für diesen Fall habe ich die Arbeitsblätter von den Stationen auf Folie
parat, so dass eine gemeinsame Besprechung einzelner Aufgaben ermöglicht
werden kann.

Eine Alternative zum Ampelspiel wäre die abgewandelte Form „Ist die Aussage wahr
oder falsch?". Bei dieser Vorgehensweise entfällt die gelbe Karte. Die Schüler
müssen bei gegebenen Aussagen entscheiden, ob die Aussage wahr (grüne Karte)
oder falsch (rote Karte) ist. Ich habe mich gegen diese Vorgehensweise entschieden,
da das Ampelspiel kognitiv gesehen anspruchsvoller ist. Hier kann es durchaus sein,
dass mehrere Aussagen richtig sind. Zudem findet in dieser Stunde eine Übung auf
höherem Niveau statt, da diese nicht unmittelbar auf eine Einführungsstunde folgt.
Dies legitimiert zusätzlich die anspruchsvollere Variante.

5. Kompetenzerwerb/ Lernziele

<u>Übergeordnetes Stundenziel:</u> Die Schüler können einfache, gegebenenfalls schwierigere Gleichungen aufstellen, lösen und finden.

<u>Fachkompetenz:</u>

Die Schüler können...

- ... Gleichungen mit und ohne Klammern durch Äquivalenzumformungen lösen,
- ... einfache Gleichungen aufstellen,
- ... Gleichungen ggf. mit Hilfe zu einer gegebenen Lösung finden,
- ... äquivalente Gleichungen vervollständigen,
- ... Fehler in den Umformungen erkennen, verbessern und beschreiben.

<u>Methodenkompetenz:</u>

Die Schüler können...

- ... mit der ICH-DU-WIR-Methode arbeiten,
- ... die Methode „Filmdosenrechnen" sinngemäß umsetzen,
- ... selbstständig ihre Ergebnisse mit den aushängenden Lösungen vergleichen,
- ... zu zweit das Waagespiel nach Anleitung spielen.

<u>Sozialkompetenz:</u>

Die Schüler können...
- ... in der DU-Phase ihre Ansätze zur Aufgabe austauschen und einander zuhören,
- ... zu zweit das Waagespiel nach Anleitung spielen.

<u>Personalkompetenz:</u>

Die Schüler können...
- ... sich zunächst selbstständig mit einem Problem auseinandersetzen,
- ... nach eigenem Interesse Stationen auswählen und bearbeiten,
- ... zum größten Teil selbst entscheiden, welche Schwierigkeitsstufe (leicht oder schwer) für sie sinnvoll ist.

6. Verlaufsskizze

Name: Stefanie Spieß	Unterrichtseinheit: Gleichungen	Datum: 12.05.2011
		Klasse: 7b
Schule: Realschule Ostrach	**Thema der Stunde**: Vermischte Übungen zum Thema Gleichungen	**Lernvoraussetzungen**: Die Schüler kennen bereits das Lösen von Gleichungen mithilfe von Äquivalenzumformungen. Sie können zum größten Teil einfache Gleichungen aufstellen.
Fach: Mathematik	**Stundenziel**: Die Schüler können einfache, ggf. schwierigere Gleichungen aufstellen, lösen und finden.	

Zeit	Phasen	Interaktionsverhalten	Sozialform/ Aktionsform	Medien
10.20 Uhr '5 min	Einstieg	Der L. begrüßt die Klasse und stellt die Gäste vor. Der L. fragt: „Wer von euch hat zuhause ein Aquarium?" Die SuS melden sich und berichten davon. Anschließend erzählt der L., dass er sich ein Aquarium kaufen möchte, jedoch fehlen wichtige Angaben, um zu wissen, wie viel Liter Wasser in die beiden Aquarien passen. Der L. legt die Folie mit den nötigen Informationen auf.	Plenum	Folie
10.25 Uhr '10 min	Erarbeitungs- und Sicherungsphase	Die SuS bearbeiten die Aufgabe mit der ICH-DU-WIR-Methode. Für die ICH- und DU-Phase erhalten die SuS jeweils ca. 2 min. In der WIR-Phase werden die Ansätze der SuS thematisiert und die Aufgabe gemeinsam auf der Folie schrittweise bearbeitet. Alternativ: Aufgrund von Verständnisschwierigkeiten kann das Aufstellen der Gleichung mehr Zeit in Anspruch nehmen als eingeplant. Dann wird die Lösungsweg der Gleichung auf einer vorgefertigten Folie aufgelegt. An der Lösung der Gleichung wird wieder angesetzt und weitergearbeitet → HA: Gleichung selbstständig lösen.	ICH-DU-WIR	Hilfen/ ICH-DU-WIR-Karten/ Klangstab

15

10.35 Uhr '5min	Gelenkstelle	Der L. legt eine Folie auf, auf der die einzelnen Stationen der Lerntheke übersichtlich dargestellt sind. Gemeinsam werden die einzelnen Stationen bzw. die Vorgehensweise durchgegangen.	Plenum	Folie
10.40 Uhr '15 - 20min	Übungsphase	SuS bearbeiten selbstständig die Stationen: • Station A „Filmdosenrechen" • Station B „Äquivalente Gleichungen" + Hilfen • Station C „Das Waagespiel" (PA) • Station D „Aufgepasst!" + Hilfen Bei Station A, B und D werden die Aufgaben in leicht und schwer unterteilt. Je nachdem wie weit die Zeit schon fortgeschritten ist, gibt der L. vor, dass sie 2 bis 3 Stationen bearbeiten müssen. Die Lösungen zu Station A und D hängen an der Tafel, damit die SuS ihre Ergebnisse kontrollieren können.	EA/ PA	ABs/ Filmdosen/Filmdosen-streifen/Stoppuhren/ Hilfen/ Lösungen
10.55 Uhr '10 min	Sicherungsphase/ Lernzielkontrolle	Der L. bespricht mit den SuS Unklarheiten/ Verständnisschwierigkeiten aus der Übungsphase. Treten keine Schwierigkeiten auf, so leitet der L. zum Ampelspiel über. Die SuS erhalten rote, gelbe und grüne Karten. Sie müssen die entsprechenden Farbenkarten hochhalten. Ist die Stunde zu Ende, wird das Ampelspiel beendet. Der L. wünscht den SuS noch einen schönen Tag.		Folie Folie/rote, gelbe und grüne Karten

7. Literaturangaben

Baum, D. u.a. (2005). *XQuadrat 3*. München: Oldenbourg Schulbuchverlag GmbH.

Böttner, J. u.a. (2005). *Schnittpunkt 3. Mathematik. Baden - Württemberg.* Stuttgart: Ernst Klett Verlag.

Dermann, G. u.a. (2005). *Schnittpunkt 3. Mathematik Serviceband. Baden - Württemberg.* Stuttgart: Ernst Klett Verlag.

Griesel, H. u.a.(2004). *Mathematik heute.3. Realschule Baden-Württemberg.* Braunschweig: Westermann Schroedel- Verlag.

Maroska, R. u.a. (1994). *Schnittpunkt 7. Mathematik für Realschulen Baden-Württemberg.* Stuttgart: Ernst Klett Verlag.

Ministerium für Kultus, Jugend u. Sport (2004). *Bildungsplan 2004 Realschule.* Stuttgart.

Peterßen, W. (1999). *Kleines Methoden-Lexikon.* München: Oldenbourg Schulbuchverlag.

Reinhold, K. (2005). *Mathematik konkret 3. Realschule Baden-Württemberg.* Berlin: Cornelsen Verlag.

Vollrath, H. (1994). *Algebra in der Sekundarstufe.* Mannheim: BI Wissenschaftsverlag.

Zech, F. (1977). *Grundkurs Mathematikdidaktik. Theoretische und praktische Anleitung für das Lehren und Lernen von Mathematik.* Weinheim und Basel: Beltz Verlag.

Zech, F. (2005). *Mathematik erklären und verstehen.* Berlin: Cornelsen Verlag.

http://de.wikipedia.org/wiki/Gleichung. (6. 05. 2011).

8. Abbildungsverzeichnis

Abbildung 1: http://www.igt.ethz.ch/fritz/schule/pages/lernsw/LernSW.htm , vom 7.05.11

Abbildung 2: http://www.rund-ums-baby.de/malbuch/images/fische2.gif, vom 8.05.11

Abbildung 3: http://www.schulbilder.org/malvorlage-mathematik-lernen-i12427.html, vom 9.05.11

Abbildung 4: http://www.redensarten.net/Zuenglein.html, vom 7.05.11

9. Anhang

9.1. Einstieg

Einstiegsfolie mit möglicher Erarbeitung:

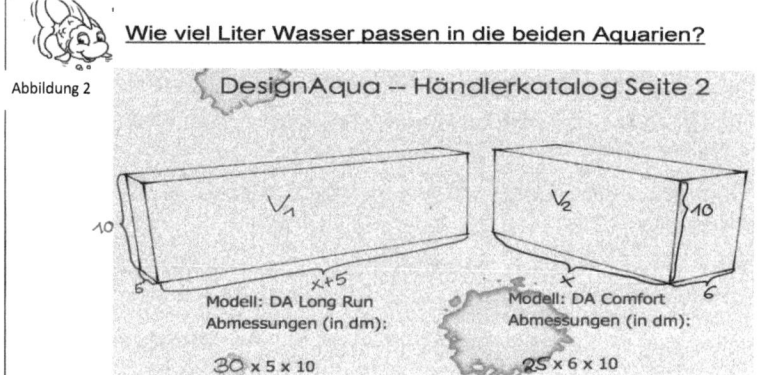

Wie viel Liter Wasser passen in die beiden Aquarien?

Abbildung 2

DesignAqua -- Händlerkatalog Seite 2

V_1

V_2

Modell: DA Long Run
Abmessungen (in dm):

30 x 5 x 10

Modell: DA Comfort
Abmessungen (in dm):

25 x 6 x 10

Zusatzinformationen vom Händler:

- das linke Aquarium ist um 5dm länger als das rechte
- beide Aquarien haben das gleiche Volumen

$$V_1 = a \cdot b \cdot c$$
$$V_1 = (x+5) \cdot 5 \cdot 10$$

$$V_2 = a \cdot b \cdot c$$
$$V_2 = x \cdot 6 \cdot 10$$

$$V_1 = V_2$$

$$(x+5) \cdot 5 \cdot 10 = x \cdot 6 \cdot 10$$
$$50(x+5) = 60x$$
$$50x + 250 = 60x \qquad |-50x$$
$$250 = 10x \qquad |:10$$
$$25 = x \qquad \longrightarrow \quad x+5 = 25+5 = 30\,dm$$

$$V = a \cdot b \cdot c = 30 \cdot 5 \cdot 10 = 1500\,dm^3$$
$$= 1500\,\ell$$

A: 1500 ℓ passen in die beiden Aquarien.

Hilfe:

Hilfen zur Aufgabe

1. Hilfe: Um die Aufgabe lösen zu können, musst du zuerst eine Gleichung aufstellen.

2. Hilfe: Überlege dir, für was die Variable x steht.

3. Hilfe: Stelle Terme für die beiden Volumina auf.

Folie in der Gelenkstelle:

Lerntheke zu „Gleichungen"

Zeit: ca. 20 min

Abbildung 3

Station	Inhalt
Station A: **Filmdosenrechnen** leicht – grün schwer – rot	- Gleichungen lösen - Figuren: Gleichungen aufstellen
Station B: **Äquivalente** **Gleichungen** leicht – grün schwer – rot	- Fülle die Lücken - Gleichungen finden *Hilfen zu den Aufgaben hängen an der Station!*
Station C: **Das Waagespiel**	- Gleichungen auf der Waage darstellen
Station D: **Aufgepasst!** leicht – grün schwer - rot	- Finde den Fehler! - Begründe! *Hilfen zu den Aufgaben hängen an der Station!*

Station A: Filmdosenrechnen

Leicht

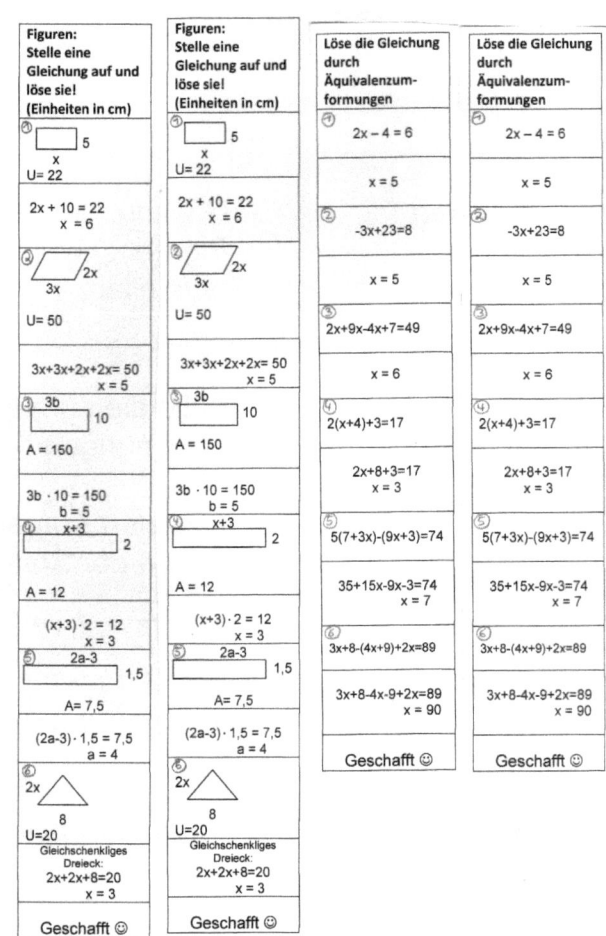

Figuren: Stelle eine Gleichung auf und löse sie! (Einheiten in cm)	Figuren: Stelle eine Gleichung auf und löse sie! (Einheiten in cm)	Löse die Gleichung durch Äquivalenzumformungen	Löse die Gleichung durch Äquivalenzumformungen
① rectangle 5, x, U= 22	① rectangle 5, x, U= 22	① $2x - 4 = 6$	① $2x - 4 = 6$
$2x + 10 = 22$ $x = 6$	$2x + 10 = 22$ $x = 6$	$x = 5$	$x = 5$
② parallelogram 2x, 3x, U= 50	② parallelogram 2x, 3x, U= 50	② $-3x+23=8$	② $-3x+23=8$
$3x+3x+2x+2x= 50$ $x = 5$	$3x+3x+2x+2x= 50$ $x = 5$	$x = 5$	$x = 5$
③ 3b, 10, A = 150	③ 3b, 10, A = 150	③ $2x+9x-4x+7=49$	③ $2x+9x-4x+7=49$
$3b \cdot 10 = 150$ $b = 5$	$3b \cdot 10 = 150$ $b = 5$	$x = 6$	$x = 6$
④ x+3, 2, A = 12	④ x+3, 2, A = 12	④ $2(x+4)+3=17$	④ $2(x+4)+3=17$
$(x+3) \cdot 2 = 12$ $x = 3$	$(x+3) \cdot 2 = 12$ $x = 3$	$2x+8+3=17$ $x = 3$	$2x+8+3=17$ $x = 3$
⑤ 2a-3, 1,5, A= 7,5	⑤ 2a-3, 1,5, A= 7,5	⑤ $5(7+3x)-(9x+3)=74$	⑤ $5(7+3x)-(9x+3)=74$
$(2a-3) \cdot 1,5 = 7,5$ $a = 4$	$(2a-3) \cdot 1,5 = 7,5$ $a = 4$	$35+15x-9x-3=74$ $x = 7$	$35+15x-9x-3=74$ $x = 7$
⑥ 2x, 8, U=20 Gleichschenkliges Dreieck: $2x+2x+8=20$ $x = 3$	⑥ 2x, 8, U=20 Gleichschenkliges Dreieck: $2x+2x+8=20$ $x = 3$	⑥ $3x+8-(4x+9)+2x=89$ $3x+8-4x-9+2x=89$ $x = 90$	⑥ $3x+8-(4x+9)+2x=89$ $3x+8-4x-9+2x=89$ $x = 90$
Geschafft ☺	Geschafft ☺	Geschafft ☺	Geschafft ☺

20

Schwer

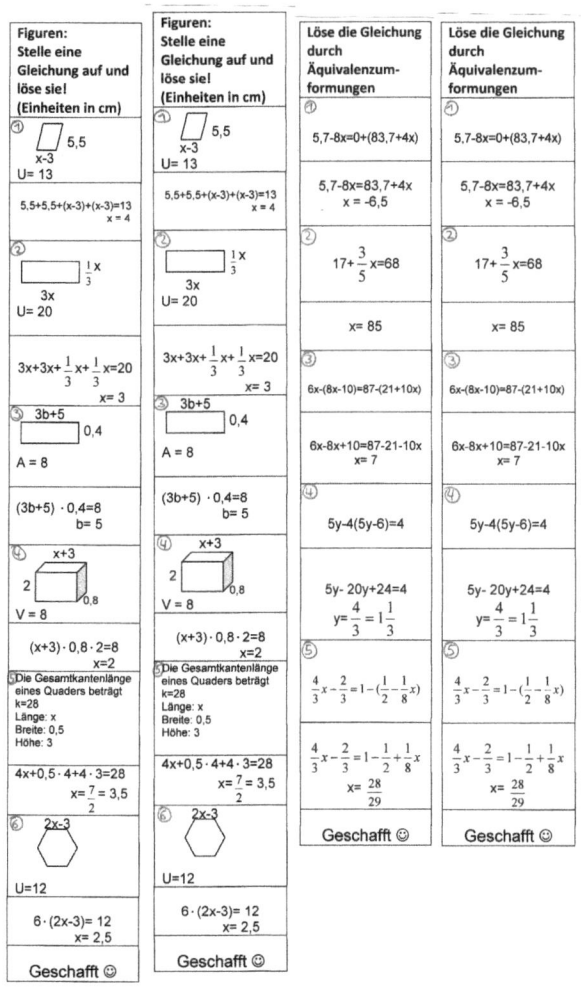

Column 1 — Figuren: Stelle eine Gleichung auf und löse sie! (Einheiten in cm)

① 5,5 / x-3
U= 13

$5,5+5,5+(x-3)+(x-3)=13$
$x = 4$

② ⅓ x / 3x
U= 20

$3x+3x+\frac{1}{3}x+\frac{1}{3}x=20$
$x= 3$

③ 3b+5 / 0,4
A = 8

$(3b+5) \cdot 0,4=8$
$b= 5$

④ x+3 / 2 / 0,8
V = 8

$(x+3) \cdot 0,8 \cdot 2=8$
$x=2$

⑤ Die Gesamtkantenlänge eines Quaders beträgt
k=28
Länge: x
Breite: 0,5
Höhe: 3

$4x+0,5 \cdot 4+4 \cdot 3=28$
$x= \frac{7}{2} = 3,5$

⑥ 2x-3
U=12

$6 \cdot (2x-3)= 12$
$x= 2,5$

Geschafft ☺

Column 2 — Figuren: Stelle eine Gleichung auf und löse sie! (Einheiten in cm)

① 5,5 / x-3
U= 13

$5,5+5,5+(x-3)+(x-3)=13$
$x = 4$

② ⅓ x / 3x
U= 20

$3x+3x+\frac{1}{3}x+\frac{1}{3}x=20$
$x= 3$

③ 3b+5 / 0,4
A = 8

$(3b+5) \cdot 0,4=8$
$b= 5$

④ x+3 / 2 / 0,8
V = 8

$(x+3) \cdot 0,8 \cdot 2=8$
$x=2$

⑤ Die Gesamtkantenlänge eines Quaders beträgt
k=28
Länge: x
Breite: 0,5
Höhe: 3

$4x+0,5 \cdot 4+4 \cdot 3=28$
$x= \frac{7}{2} = 3,5$

⑥ 2x-3
U=12

$6 \cdot (2x-3)= 12$
$x= 2,5$

Geschafft ☺

Column 3 — Löse die Gleichung durch Äquivalenzumformungen

① $5,7-8x=0+(83,7+4x)$

$5,7-8x=83,7+4x$
$x = -6,5$

② $17+\frac{3}{5}x=68$

$x= 85$

③ $6x-(8x-10)=87-(21+10x)$

$6x-8x+10=87-21-10x$
$x= 7$

④ $5y-4(5y-6)=4$

$5y- 20y+24=4$
$y=\frac{4}{3} = 1\frac{1}{3}$

⑤ $\frac{4}{3}x-\frac{2}{3}=1-(\frac{1}{2}-\frac{1}{8}x)$

$\frac{4}{3}x-\frac{2}{3}=1-\frac{1}{2}+\frac{1}{8}x$
$x= \frac{28}{29}$

Geschafft ☺

Column 4 — Löse die Gleichung durch Äquivalenzumformungen

① $5,7-8x=0+(83,7+4x)$

$5,7-8x=83,7+4x$
$x = -6,5$

② $17+\frac{3}{5}x=68$

$x= 85$

③ $6x-(8x-10)=87-(21+10x)$

$6x-8x+10=87-21-10x$
$x= 7$

④ $5y-4(5y-6)=4$

$5y- 20y+24=4$
$y=\frac{4}{3} = 1\frac{1}{3}$

⑤ $\frac{4}{3}x-\frac{2}{3}=1-(\frac{1}{2}-\frac{1}{8}x)$

$\frac{4}{3}x-\frac{2}{3}=1-\frac{1}{2}+\frac{1}{8}x$
$x= \frac{28}{29}$

Geschafft ☺

Station B: Äquivalente Gleichungen

Leicht

Station B: Äquivalente Gleichungen

Nr.1 Fülle die Lücken.

a) $+3\left(\begin{array}{l}2x = 6 \\ 2x + 3 = 9\end{array}\right)+3$

b) $\cdot 4\left(\begin{array}{l}6x = -4 \\ 24x = -16\end{array}\right)\cdot 4$

c) $+8\left(\begin{array}{l}3 + x = 8 \\ 11 + x = 16\end{array}\right)+8$

d) $-7\left(\begin{array}{l}4x + 2 = 7 \\ 4x - 5 = 0\end{array}\right)-7$

Nr.2 Finde Gleichungen mit der Lösung x = 2

   a) 2 Gleichungen, bei denen das x nur auf einer Seite steht.
      Beispiele: 2x=4; 2x+3=7; 12-3x=6
   b) 2 Gleichungen, bei denen das x auf beiden Seiten steht.
      Beispiele: 2x= x+2; 5x+3=17-2x; 5(x+1)=7x+1

Lösung: Um zu wissen, ob deine Gleichungen richtig sind, mache zur Kontrolle die Probe.

Nr. 3[1]

Hat Max Recht? Begründe deine Meinung!

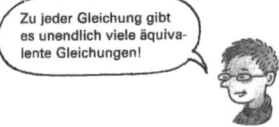

Zu jeder Gleichung gibt es unendlich viele äquivalente Gleichungen!

Ja, Max hat Recht. Man kann bei einer Gleichung unendlich viele Zahlen auf beiden Seiten addieren (subtrahieren, multiplizieren, dividieren), also gibt es auch unendlich viele verschiedene äquivalente Gleichungen.

---
[1] Aufgabe entnommen aus XQuadrat 3, S.107

Station B: Äquivalente Gleichungen

Nr.1 Fülle die Lücken.

a)
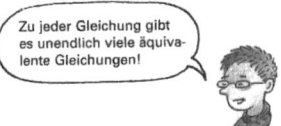
$-4 \quad \left(\dfrac{1}{2}x = 6 \right) \cdot 4$

$2x = 24$

b)
$:(-16)\left(\begin{array}{c} 4x = -56 \\ -\dfrac{1}{4}x = 3{,}5 \end{array} \right): (-16)$

c) Stell dir vor, ein Mitschüler von dir hat Schwierigkeiten die Nr.1a) zu lösen. Er weiß nicht, wie er an die Aufgabe herangehen soll. Erkläre ihm wie du vorgehst:

Mögliche Erklärung: Zuerst schaust du dir beide Gleichungen genau an. Du erkennst, wenn du die rechte Seite beider Gleichungen betrachtest, dass auf beiden Seiten mit der Zahl 4 multipliziert wurde, denn 6·4=24. So kannst du an beiden Pfeilen ·4 eintragen. Um die linke Seite der unteren Gleichung zu erhalten, musst du jetzt nur noch $\dfrac{1}{2}x$ mit 4 multiplizieren.

Nr.2 Finde Gleichungen mit der Lösung $x = \dfrac{1}{2}$

  a) 2 Gleichungen, bei denen das x nur auf einer Seite steht.
  Beispiele: 2x=1; x+3= 3,5; 5x+ 2,5=5
  b) 2 Gleichungen, bei denen das x auf beiden Seiten steht.
  Beispiele: 2x=1,5-x; 3(x+1,5)= 12x; 4x-2x+6=2x+6

Lösung: Um zu wissen, ob deine Gleichungen richtig sind, mache zur Kontrolle die Probe.

Nr. 3

Hat Max Recht? Begründe deine Meinung!

> Zu jeder Gleichung gibt es unendlich viele äquivalente Gleichungen!

Ja, Max hat Recht. Man kann bei einer Gleichung unendlich viele Zahlen auf beiden Seiten addieren (subtrahieren, multiplizieren, dividieren), also gibt es auch unendlich viele verschiedene äquivalente Gleichungen.

Hilfen:

Hilfen zur Aufgabe 1

1.Hilfe: Es handelt sich um äquivalente Gleichungen.

2.Hilfe: <u>An die Pfeile</u> muss dieselbe Zahl.

3.Hilfe: Überlege dir, ob du eine Zahl addieren, subtrahieren, multiplizieren oder dividieren musst, um die zweite Gleichung zu erhalten.

Hilfen zur Aufgabe 2

1.Hilfe: Erinnere dich an eine ähnliche Aufgabe von letzter Woche.

2.Hilfe: Um Gleichungen zu finden, musst du rückwärts arbeiten.

3.Hilfe: Um Gleichungen zu finden, bei denen das x auf beiden Seiten steht, musst du z.B. x addieren/subtrahieren.

Station C: Das Waagespiel

Das Spielbrett:

Das Waagespiel

Abbildung 4

Rückseite:

Lösung zu 1

a)

b)

Spielanleitung:

Spielanleitung: Waagespiel

Material: Waageblatt, Spielkärtchen, Heft, Stift, Stoppuhr

1. Stellt gemeinsam folgende Gleichungen auf der Waage dar und kontrolliert anschließend euer Ergebnis auf der Rückseite des Waageblattes.

   a) $2x + 3 = 4$
   b) $6+x = 2x + 2$

2. Nun kann das Spiel beginnen:
- Jeder Mitspieler notiert sich drei Gleichungen ins Heft (der andere kennt diese nicht!) und löst sie.
- Anschließend entscheidet man, wer beginnt.
- Derjenige der beginnt, stellt seine erste Gleichung mithilfe der Kärtchen auf der Waage dar. (**Achtung**: Nicht jede Gleichung lässt sich auf der Waage darstellen)
- Der Mitspieler muss innerhalb von 30s (Stoppuhr) herausfinden, um welche Gleichung es sich handelt und sie lösen. (schriftlich oder mündlich)
- Für jede richtige Gleichung gibt es einen Punkt. Für jede richtige Lösung gibt es einen weiteren Punkt. Insgesamt kann man sechs Punkte erreichen.
- Nach den drei gelegten Gleichungen ist der andere an der Reihe.
- Wer am Ende die meisten Punkte hat, ist der Gewinner.

Spielkärtchen:

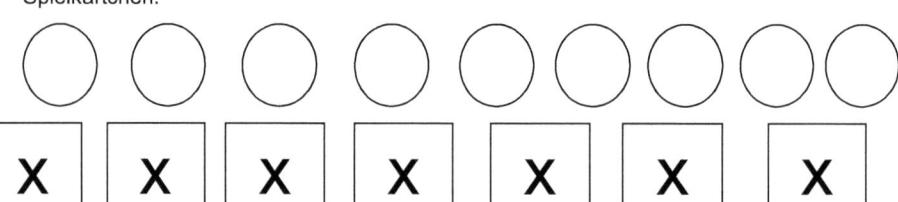

Leicht

Station D: Aufgepasst!

Nr.1[1]

Welchen der beiden Lösungswege findest du geschickter? Begründe deine Wahl!

$$3x + 7 = 22 \quad |-7$$
$$3x = 15 \quad |:3$$
$$x = 5$$

$$3x + 7 = 22 \quad |:3$$
$$(3x + 7):3 = 22:3$$
$$x + \frac{7}{3} = \frac{22}{3} \quad |-\frac{7}{3}$$
$$x = 5$$

Begründung: Der linke Lösungsweg ist geschickter, weil weniger Lösungsschritte nötig sind und keine Brüche entstehen.

Nr.2 Hier haben sich Fehler eingeschlichen. Korrigiere die Aufgaben und notiere Tipps, wie der Schüler die Fehler in Zukunft vermeiden kann.

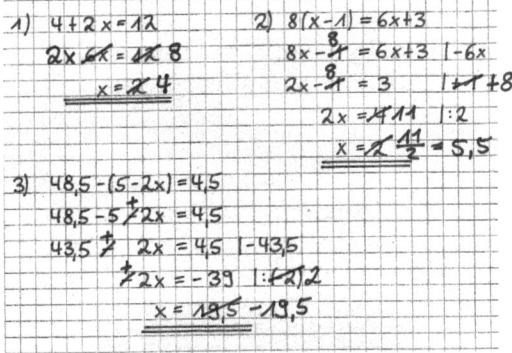

Tipp zur Aufgabe 1: Nur gleichartige Terme kann man zusammenfassen. Somit kann man 4+2x nicht zusammenfassen.

Tipp zur Aufgabe 2: Beim Ausmultiplizieren muss man darauf achten, auch den zweiten Summand bzw. den Subtrahend mit dem Faktor zu multiplizieren. Richtig: 8(x-1)=8x-8

Tipp zur Aufgabe 3: Beim Auflösen einer Minusklammer ist es wichtig, darauf zu achten, dass alle Pluszeichen zu Minuszeichen werden und umgekehrt. Richtig: -(5-2x)= -5+2x

---

[1] Aufgabe entnommen aus XQuadrat 3, S.110

Station D: Aufgepasst!

Nr.1

Welchen der beiden Lösungswege findest du geschickter? Begründe deine Wahl!

$$3x + 7 = 22 \quad |-7$$
$$3x = 15 \quad |:3$$
$$x = 5$$

$$3x + 7 = 22 \quad |:3$$
$$(3x + 7):3 = 22:3$$
$$x + \frac{7}{3} = \frac{22}{3} \quad |-\frac{7}{3}$$
$$x = 5$$

Begründung: **Der linke Lösungsweg ist geschickter, weil weniger Lösungsschritte nötig sind und keine Brüche entstehen.**

Nr.2 Hier haben sich Fehler eingeschlichen. Korrigiere die Aufgaben und notiere Tipps, wie der Schüler die Fehler in Zukunft vermeiden kann.

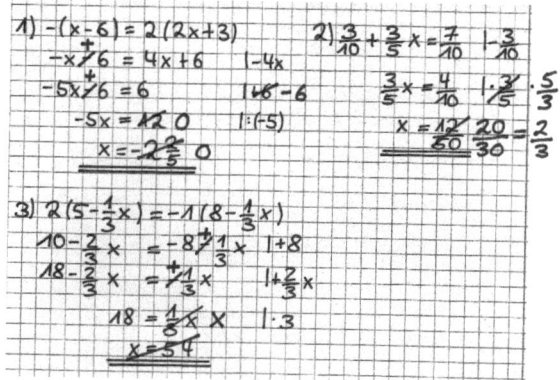

Tipp zur Aufgabe 1: **Beim Auflösen einer Minusklammer ist es wichtig, darauf zu achten, dass alle Pluszeichen zu Minuszeichen werden und umgekehrt. Richtig: -(x-6)=-x+6**

Tipp zur Aufgabe 2: **Wenn man Brüche dividiert, so multipliziert man mit dem Kehrbruch. Richtig:** $\frac{3}{5}x = \frac{4}{10} \rightarrow x = \frac{4}{10} \cdot \frac{5}{3}$

Tipp zur Aufgabe 3: **Beim Ausmultiplizieren muss man auch darauf achten, das Vorzeichen des Faktors nicht zu übersehen. Richtig:** $-1(8 - \frac{1}{3}x) = -8 + \frac{1}{3}x$

Hilfen:

Hilfen zur Aufgabe 2

1. Hilfe: Überlege bei jedem Schritt genau, wie der Schüler vorgegangen ist.
2. Hilfe: Achte vor allem darauf, wie die Klammern aufgelöst wurden.
3. Hilfe: Wenn du keinen Fehler findest, so löse die Gleichung doch einmal selbst.

10.3. Lernzielkontrolle

Ampelspiel

1. Welche Gleichung hat die Lösung x=7?

Rot – $2x+5 = 19$

Gelb - $5x-2=35$

Grün - $33=3(x+4)$

2. Wo wurde die Klammer richtig aufgelöst?

Rot - $2(x+4)=14$ → $2x+8 = 14$

Gelb - $2(x+4)=14$ → $2x+4 = 14$

Grün - $2(x+4)=14$ → $2x-4 = 14$

3. Um welche Art von Klammer handelt es sich hier: $(x-3)+6= 9$?

Rot - Minusklammer

Gelb - Plusklammer

Grün - beides

4. Welche Gleichung kann man in zwei Schritten lösen?

Rot – $4(x+5)+x= 30$

Gelb - $3x=x+2$

Grün - $5x-10 = -7,5$

5. Welche aufgestellte Gleichung gehört zu dieser Figur?

$$5 \quad \boxed{A= 15}$$
$$x-3$$

Rot - $5x-3=15$

Gelb - $5(x-3)=15$

Grün - $15=5(x-3)$